Alexis et Émile Barrault

Le Canal de Suez
et
la question du tracé

Histoire

ISBN : 978-1724289025

10 9 8 7 6 5 4 3 2 1

Alexis et Émile Barrault

Le Canal de Suez et la question du tracé

Histoire

Table de Matières

INTRODUCTION

Le projet d'une communication entre la Méditerranée et la Mer-Rouge est accueilli par l'Europe, les résultats immense en sont unanimement reconnus : il n'y a désaccord que sur la question du tracé. On se partage entre le tracé direct de Suez à Peluse, proposé par MM. Linant et Mougel, ingénieurs du pacha d'Égypte, et le tracé indirect d'Alexandrie à Suez, proposé par M. Paulin Talabot. Ce débat dure depuis près d'une année.

Le tracé du canal des deux mers est-il un problème d'art pur, et du domaine réservé des savants et des ingénieurs ? Personne ne le croira. Loin d'être exclusivement technique, la question est à la portée de tous par ses aspects généraux, par les conséquences dont telle ou telle solution affecte les intérêts du pays traversé et ceux de l'Europe. C'est une question vitale, et qui veut être résolue conformément à ce programme avoué de la raison publique : satisfaire aux lois de l'art et de la science, rendre autant que possible le tracé profitable pour la navigation, le commerce de l'Europe, et avantageux pour l'Égypte ; en un mot faire du canal un monument d'utilité réciproque pour les nations transitaires et pour la région du parcours. C'est ce programme qui sera notre règle souveraine dans l'étude que nous essayons.

Cependant la question du tracé n'est-elle pas déjà vidée ? le tracé direct n'a-t-il pas gain de cause puisqu'il est imposé par le pacha d'Égypte ? Voilà ce que nous entendons dire, et ce que la vérité des situations ne nous paraît pas entièrement admettre. Nul ne peut avoir la prétention d'être l'unique arbitre d'une chose universelle. Il appartenait au prince dont l'initiative généreuse accepte une expérience de l'Occident sur son territoire de déclarer comment il entend que l'expérience ait lieu, c'est son droit ; mais si son territoire est à lui, le canal est à l'usage de tous ; c'est la voie de la civilisation, c'est la voie du commerce européen, et il appartient à l'Europe de déclarer comment il lui plaît que ce canal se fasse. La chose se réglera par un arrangement des parties intéressées. Peut-être la commission scientifique internationale pouvait-elle y préluder en traitant le problème de tous les tracés : c'était une mission digne d'elle, et il est regrettable qu'elle ait accepté un mandat plus étroit que son titre en consentant à statuer simplement sur la possibilité matérielle du canal de Suez à Peluse. Ce que cette commission aurait si bien fait et paraît ne vouloir pas faire, d'autres doivent le tenter dans la mesure de leurs forces. Tout doit être repris à nouveau. Rien n'est admis, rien n'est exclu, tant que les gouvernements ne se seront pas mis d'accord pour sanctionner une œuvre industrielle qui est à la fois la plus grosse affaire et le plus grand événement du monde. L'isthme de Suez veut une autre diplomatie que l'isthme de Panama. Il n'y suffit pas de l'entente d'une compagnie et du pouvoir local, il y faudra peut-être un autre traité de Westphalie. Jusqu'à cette décision suprême, la question est entière, et la discussion doit préparer les résolutions futures.

Qu'il nous soit permis de solliciter l'attention du lecteur. Sans doute, au point où en est l'entreprise de Suez, nous avons à nous interdire, à côté de l'examen du fond de l'affaire, ces considérations variées qui l'ont accompagné longtemps comme une sorte de plaidoirie opportune et attachante. Nous ne devons pas sortir de la question du tracé ; mais cette question met en jeu les plus chers intérêts de l'Europe, de l'Égypte, d'une compagnie, et nous croyons l'avoir posée sur un terrain élevé et décisif. Le tracé direct et le tracé indirect sont plus que deux projets particuliers, ce sont les deux types généraux d'où sortent, sont sortis et sortiront tous les plans possibles d'une jonction de la Méditerranée et de la Mer-Rouge ; types qui ne sont pas d'hier, car nous les retrouvons, dans l'histoire, soit à l'état de théorie soit à l'état de réalité. En un mot, ce sont des systèmes. En conséquence, nous avons dû subordonner le concours ouvert entre les projets de MM. Linant et Talabot à un débat péremptoire entre le système du tracé direct et le système du tracé indirect. C'est entre eux que nous intervenons d'abord, afin de découvrir où est la solution, qui ne peut être indifféremment d'un côté et de l'autre, puisque des types si divers ne comportent pas d'accommodement. Le résultat de cet examen, c'est l'exclusion de l'un des systèmes et des projets qui s'y rapportent. L'autre système étant adopté, le concours s'ouvre entre toutes les réalisations proposables du type unique. Notre méthode pour trouver le tracé normal est donc de commencer par choisir entre les systèmes, puis d'opter entre les divers projets afférents au système choisi.

Il va de soi que les deux systèmes ont de commun ce qui constitue les bases d'un canal de grande navigation marchande. La largeur est de 100 mètres à la ligne d'eau, de 50 mètres au plafond, le tirant d'eau de 8 mètres ; la longueur varie selon le tracé. Il ne pouvait y avoir de différend sur la fixation à Suez de la passe en Mer-Rouge. Quant au point de la passe dans la Méditerranée, c'est la que les deux systèmes se tranchent, et de cette divergence procèdent la plupart de leurs conséquences caractéristiques.

Un autre sujet de désaccord, c'est l'estimation des dépenses, chacun s'attribuant le bon marché. Pour notre part, nous n'avons pas pensé que la question du tracé fût nécessairement dans le chiffre inférieur, et que le devis modeste fût le gage de la solution vraie. Nous sommes sûrs que la voie du plus grand commerce du monde sera assez productive pour permettre l'immobilisation du capital correspondant à l'établissement le meilleur. En cela, nous nous en référons au travail de M. J.-J. Baude, qui a éclairé cet aspect de l'affaire de Suez non moins heureusement que les autres. Dès lors nous avons comparé les devis, uniquement afin de montrer le rapport de ce que vaut un projet et de ce qu'il coûte. Nous nous sommes préoccupés du *bon canal*, et non du canal au rabais. Le bon canal n'embarrassera jamais le génie financier de notre époque.

II. — SYSTÈME DU TRACÉ DIRECT – PROJET DU CANAL DE SUEZ À PELUSE

Ce système pourrait aussi se nommer le *système du percement de l'isthme*. Imaginé plus d'une fois dans le cours des âges, il n'a acquis de consistance que depuis le commencement du siècle, grâce à l'un des ingénieurs éminents de l'expédition d'Égypte, M. Lepère, qui signala formellement le tracé de Suez à Peluse. Selon ses vues personnelles, la jonction des deux mers devait s'effectuer par un canal à petite navigation entre la Mer-Rouge et le Delta, s'alimentant du Nil, aboutissant à Alexandrie ; néanmoins, frappé de cette ligne de dépressions que le sol de l'isthme offre du sud au nord, convaincu d'ailleurs que le niveau de la Mer-Rouge en marée haute excédait celui de la Méditerranée d'environ dix mètres, il admit l'existence collatérale d'un canal de grande navigation. Il en marqua la voie : du seuil de Suez aux lacs amers, vaste bassin propre à un réservoir ; des lacs amers au centre de l'isthme, et de là, par le bord oriental du lac Menzaleh, au golfe de Peluse. C'est le projet même dont MM. Linant et Mougel ont étudié les détails ; ce qu'ils y ont ajouté, c'est un canal à petite section, dérivé du Nil à la hauteur du Caire et conduit au lac Timsah, afin d'apporter de l'eau douce dans l'isthme et de rattacher le canal maritime à l'intérieur du pays. Entre les plans divers qui procèdent du tracé direct, c'est le seul que nous ayons à discuter après avoir apprécié les données du système, à savoir : l'isthme, milieu de traversée ; un canal alimenté par la Mer-Rouge ; le débouché sur la plage de Tineh, la plus rapprochée des restes de Peluse, qui sont dans les terres.

Le tracé direct a pour lui la première impression : à la vue d'une séparation étroite des deux mers, rien ne semble plus naturel que de la supprimer ; après examen, rien ne paraît plus contraire à la bonne conduite des choses que ce mode expéditif de communication. Un canal dans l'isthme est extérieur au Nil et à l'Égypte. Est-il donc admissible, lorsque cette terre réclame une abondante distribution de son fleuve, qu'on renonce à l'emploi des eaux du Nil dans un canal de dimensions exceptionnelles qui pourrait être un magnifique instrument de fertilisation ? Est-il une occasion plus propice de développer la prospérité agricole du pays sur une large échelle ? La perdre, ce serait une faute dont le canal du Caire au lac Timsah, proposé par MM. Linant et Mougel, ne serait qu'une réparation médiocre, puisqu'il ne doit être établi que pour l'irrigation de 50 000 hectares au plus. C'est un premier fait anormal que ce canal d'eau salée dans l'isthme à côté du Delta à fertiliser et du Nil à utiliser ; le second fait l'est davantage. Conçoit-on une route commerciale tenue en dehors du milieu de production et passant par le désert ? Sommes-nous au temps du roi Nechos, qui craignait que la jonction des deux mers ne livrât l'Égypte à l'invasion des barbares ? Si la navigation européenne est reliée au Caire par le canal du lac Timsah, elle n'aura avec le Delta et Alexandrie que des rattachements lointains assez préjudiciables pour que les bâtiments préfèrent relâcher à Alexandrie, qu'ils auront sur leur route, et cette alternative est encore un préjudice.

Supposons le canal fait, sait-on ce qui arrivera ? Ce qui arrive invariablement en pareille circonstance : le déplacement du siége des intérêts commerciaux. Aujourd'hui Alexandrie est le lieu d'échanges de l'Occident et de l'Égypte, qui y expédie tous ses produits : alors ses expéditions convergeront vers le port intérieur qu'on projette de créer au lac Timsah comme port de relâche, de ravitaillement et d'entrepôt. Il y aura dans le Delta tout entier un revirement de l'ouest à l'est ; le canal se sépare du Delta, le Delta se tournera vers le canal. Alexandrie n'a plus de raison d'être que comme port militaire ; comme port marchand, ce ne sera plus qu'un port de cabotage, et son héritage sera dévolu à Timsah dans l'isthme, à Tineh sur la Méditerranée. L'histoire est pleine de ces exemples. Déjà même on a vu Alexandrie, par suite de l'engorgement de ses canaux, abandonnée pour Rosette : ce fut Méhémet-Ali qui se hâta de lui ramener l'eau du Nil ; mais, du jour où un canal de l'Europe dans l'isthme attirera tout à lui avec une force irrésistible et y suscitera des cités nouvelles, de ce jour recommencera le déclin de la ville d'Alexandre, des Ptolémées, des Arabes, de Méhémet-Ali. Rien ne paraît si simple que de faire une coupure à l'isthme, et c'est toute une révolution.

Et l'on chercherait vainement une circonstance atténuante du système dans la brièveté du parcours qui en est le privilège. Évidemment le trajet est plus court de Suez à Peluse que de Suez à Alexandrie ; il ne dépassera pas 160 kilomètres. Est-ce un avantage effectif ? Qu'on prenne pour points de départ et de retour les trois points qui résument les mouvements maritimes de l'Europe occidentale, — Trieste, Malte, Marseille : les bâtiments allant en Mer-Rouge, ou rentrant en Méditerranée, ne peuvent pas ne pas côtoyer l'Égypte à l'est d'Alexandrie, soit qu'ils aient à prendre la passe dans le golfe de Peluse, soit qu'ils en sortent. C'est une portion obligée de leur itinéraire. Mettons le débouché à Alexandrie, les bâtiments en feront l'équivalent par la navigation du canal, plus sûre et plus douces avec le débouché à Peluse, ce qu'ils auraient fait à l'intérieur, ils le feront à l'extérieur, Il faut donc ajouter ce parcours sur les côtes du Delta aux 160 kilomètres du canal entre Suez et Peluse. C'est un chemin plus court qui n'est pas à portée, et dont le bénéfice est illusoire. La longueur du tracé indirect n'allonge pas, la brièveté du tracé direct n'abrège pas.

Jusqu'à présent nous avons constaté ce que ce système causerait de dommages sans en découvrir la compensation. Pourquoi donc le canal de l'isthme, s'il ne fait les affaires ni de l'Europe ni de l'Égypte ? Il y a cinquante ans, on pouvait s'expliquer ce système, dont M. Lepère a fait la fortune. En un temps de guerre générale, un canal de grande navigation ne pouvait être supposé qu'en dehors de l'Égypte. Les motifs qui défendaient cette conception ne sont-ils pas surannés ? Le système d'ailleurs reposait sur une erreur scientifique aujourd'hui corrigée. Un nivellement inexact, excusable sur un théâtre d'opérations militaires avait assigné 9^{m}90 à la surélévation du niveau de la Mer-Rouge en marée haute au-dessus de la Méditerranée. Le savant ingénieur croyait donc avoir à son service une puissance de courant proportionnelle à cette surélévation, force toute gratuite qui lui était donnée pour changer la vallée de l'isthme en un détroit maritime, pour en nettoyer le chenal et en maintenir les passes ouvertes. M. Lepère aurait-il persisté après 1847 ? — C'est alors, on s'en souvient, qu'une commission d'ingénieurs rectifia les nivellements de 1799, et réduisit la surélévation des hautes eaux de la Mer-Rouge à un maximum de 2 mètres — Nous ne savons. La pensée, non moins étendue que sagace de M. Lepère se témoigne par une prédilection avérée pour la jonction des deux mers traversant le Delta et s'embranchant sur Alexandrie En tout cas, personne ne serait fondé à placer le tracé actuel de l'isthme sous l'autorité de son nom. Surtout on ne saurait oublier qu'il n'a parlé qu'avec circonspection de l'établissement de la passe dans le golfe de Peluse ; la responsabilité de ce dernier chapitre du tracé direct incombe tout entière aux auteurs du projet.

Rien ne distingue Tineh de la plage égyptienne. La mer y est basse. Le fond de 8 mètres, voulu pour le tirant d'eau, ne se rencontre qu'à une distance de 8 kilomètres de la côte. Le canal devra y être amené entre deux jetées de cette longueur. Afin de prémunir la passe contre les ensablements auxquels l'expose la double action du courant maritime et du vent régnant, il faudra construire un môle en tête des jetées. Derrière ce môle afin de protéger l'entrée ou la sortie des bâtiments par les temps contraires, il faudra enclore un port de refuge assez vaste pour le mouillage éventuel d'une flotte. Voilà Tineh. Si la nature a tout fait pour l'isthme, elle n'a rien fait pour Tineh, et il s'agit, l'expression est juste, d'y installer une autre Venise. On n'a point à s'alarmer, à ce qu'on prétend, ni des déjections limoneuses du Nil, ni de l'ensablement, qui est arrêté depuis des siècles, et dès lors tout est bien, il n'y a plus qu'à fonder. Ne rêvons-nous pas ? Lorsque nous lisons l'histoire d'une fondation des temps antiques ou modernes, sur le vieux continent ou dans le Nouveau-Monde ; nous voyons que les fondateurs, avant de déterminer le siège d'un port ou d'une cité, reconnaissent les avantages du lieu et tiennent compte de ce qu'on nomme les avances de la nature. Il y a en cela une sorte de génie particulier que les peuples honorent de leurs hommages. N'est-il donc pas étrange qu'on montre à l'Europe une plage absolument dénuée, et qu'on l'invite à y asseoir une ville et un port, coûte que coûte ? Et pourquoi ? Parce que Tineh est au bout d'un pli de terrain où l'on entend que le canal passe. On sollicite pour Tineh la faveur publique et un budget énorme, en s'autorisant des exemples de Cherbourg, de Cette, du Havre ; mais le canal du Languedoc justifie tout ce qu'on a fait à Cette, la vallée de la Seine et Paris justifiant tout ce qu'on a pu et pourra faire au Havre. Dans l'isthme au contraire, il n'y a rien qui préexiste, rien que la préoccupation d'y mettre le canal des deux mers, qui peut passer ailleurs, qui n'y gagnera pas même un raccourcissement de trajet : Si le canal avait tiré de l'isthme une valeur quelconque, on hésiterait à l'y établir en présence d'une localité aussi ingrate que Tineh : comment s'y résoudre, lorsque cette valeur est nulle et qu'à Tineh tout est à créer dans des conditions extraordinaires ?

Il y a une difficulté première, c'est la base même de ces créations, Nous ne nions pas que, dès un temps reculé, les sables se soient accumulés dans le golfe de Peluse comme dans une sorte d'entonnoir : nous voulons que par suite l'ensablement ait atteint sa limite depuis deux mille ans au moins, et qu'il y ait aujourd'hui équilibre entre l'action du flot et la pente du talus sous-marin ; mais, dès que cette pente sera brusquement attaquée, l'équilibre n'est-il pas détruit ? Toute profondeur artificielle ne va-t-elle pas être rapidement comblée ? À chaque déblai opéré par la drague dans cet ensablement arrêté, l'ensablement ne recommencera-t-il pas ? C'est sur une longueur de 8 kilomètres que ce fond va être remué, tourmenté, fouillé pour le chenal, pour les jetées, pour le môle, pour le port : où est la garantie que les lames ne referont pas ce qu'elles ont déjà fait, soit par un mouvement lent et invincible, soit à coups précipités ? Toute tempête peut y jeter des millions de mètres cubes de sable et ruiner en quelques heures le travail de quelques mois, de quelques années : cela est probable, et plus les auteurs du projet démontrent victorieusement qu'une stabilité séculaire et normale est acquise à cette plage, plus ils prouvent contre eux-mêmes que cet état ne saurait être troublé sans se reformer sous l'empire des causes qui l'ont constitué. L'apport des boues du Nil serait moins dangereux que ces marées de sables.

Parmi les ouvrages projetés à Tineh, il en est un que nous citerons particulièrement : c'est un bassin à prendre sur la mer, d'une superficie d'environ 3 millions de mètres carrés, recevant ses eaux des lacs amers et destiné à l'entretien du régime du canal. Les eaux devront y être maintenues à peu près au niveau des marées de la Mer-Rouge, c'est-à-dire à la cote de 1^m50 à 2^m50, et, si le bassin n'est pas parfaitement étanche, tout est perdu. Des barrages étanches, dont le pied doit être à 6^m50 au-dessous des basses mers, se construisent en bonne maçonnerie, ce dont le projet ne dit mot, et s'enracinent dans le sol par des fondations résistantes ; c'est un travail des plus hasardeux et, si l'agitation des sables recommence, radicalement impossible.

À Suez, on se propose aussi de conquérir sur la mer, pour l'alimentation du canal, un réservoir d'une superficie d'environ 25 millions de mètres carrés, séparé de la mer par un barrage de 6 à 7 kilomètres de long avec portes qu'on ouvrira à marée montante, qu'on fermera à marée descendante. L'eau emmagasinée dans ce bassin ira combler deux fois en vingt-quatre heures le déficit causé par le passage des écluses, les infiltrations, et surtout l'évaporation des lacs amers, autre réservoir naturel d'une superficie de 330 millions de mètres carrés, qui, pendant l'été, cédera à l'air ambiant 6,600,000 mètres cubes par jour. Ce sont donc 3,300,000 mètres cubes d'eau que chaque marée devra y envoyer par le canal, et de la communication constante du canal avec le bassin il résultera à marée haute, de Suez aux lacs amers, un courant dont la vitesse de 1^m50 à 2 mètres par seconde sera excessive en pareil cas. Il sera convenable d'isoler le canal du bassin, afin que l'eau passe de l'un dans l'autre par un écoulement lent et régulier ; surtout il faudra que ce bassin, comme celui de Tineh, soit parfaitement étanche, ce qui rendra les établissements de Suez plus coûteux qu'on ne l'a dit, de même que ceux de Tineh dépasseront l'estimation publiée.

Les dépenses de Tineh ont été évaluées à 50 millions, et la durée de l'exécution à six années. Tout accident à part, ce temps est trop court. Les travaux ne doivent être faits, dit-on, qu'avec des matériaux tirés des environs de Suez et amenés par le canal. Une rigole navigable de Suez à Peluse ne sera disponible qu'au bout de trois ou quatre ans ; il n'en restera plus que trois ou deux pour transporter les 4 millions de mètres cubes ou les 8 millions de tonnes de pierres exigés par les constructions et pour les mettre en œuvre ; cela est matériellement impossible, quand bien même on serait parvenu à réunir en assez grand nombre les ouvriers de choix indispensables pour la maçonnerie à la mer. D'ailleurs, par suite des circonstances difficiles de Tineh, ne se trouvera-t-on pas entraîné à des ouvrages indéterminés au début et bientôt commandés comme une conséquence, un complément ou une réparation des premiers travaux ? En pareil cas, l'imprévu ne se définit plus ni pour le temps ni pour les dépenses. On hésiterait à affirmer qu'il y suffira de 100 millions et de douze ou quinze ans. Si puissant que soit l'art moderne, il faut lui faire une large part de temps et d'argent, quand avec une table rase pour point de départ on lui donne à vaincre d'incroyables difficultés compliquées d'éventualités terribles. L'art, comme toute puissance, a ses limites, et il y a peu de raison peut-être, parce qu'il a fait des merveilles, à lui prescrire de tout oser.

Admettons cependant que Tineh s'achève. Le chenal ne peut pas ne pas s'encombrer, et, attendu que les chasses avec charge d'eau de 2 mètres seront absolument inefficaces, il y faudra un dragage continuel, d'autant plus malaisé que le port s'ensablerait au lieu de s'envaser. Et ce n'est pas tout : Tineh gît au fond d'un golfe ; il est plus soumis qu'aucun autre point de la côte au courant du littoral venant de l'ouest et au vent régnant d'ouest-nord-ouest qui gêneront l'entrée et la sortie. Voilà l'une des grandes portes maritimes du monde affligée d'une incommodité nautique permanente, si pourtant Tineh s'achève ! Selon quelques hommes considérables, il y a de tels risques d'insuccès, que les travaux peuvent commencer et ne pas finir. C'est pour avoir un avis rassurant que la commission scientifique internationale est conduite sur les lieux, et voilà où l'on tombe avec ce percement de l'isthme, si, expéditif en apparence et préconisé comme tel ; la possibilité du débouché fait question.

Que les lecteurs prononcent pour ou contre le système du tracé direct, qui se caractérise en peu de mots : amélioration mesquine du sol, insuffisance des relations du pays et de la navigation européenne, remède à ce vice radical dans un déplacement des intérêts commerciaux de l'Égypte, ce qui est une violence à la nature des choses, une perturbation de toutes les traditions légitimes puis, pour condition d'établissement, Tineh, c'est-à-dire une autre violence à la nature, moyennant 100 millions et un tour de force de l'art qui laisse subsister une passe incommode et d'un entretien coûteux en cas de réussite, ce qui demeure incertain. Si nous ne nous abusons, le système, si vulnérable dans chacune de ses parties, achève de périr par la fatalité de Tineh, et ce n'est point ici que se trouve le tracé normal que nous cherchons. Le seul bénéfice du tracé direct, c'est que le canal n'aurait qu'un bief compris entre les écluses de Suez et de Tineh ; cet avantage serait à regretter, s'il ne pouvait se retrouver ailleurs.

Nous n'écarterons pas le projet dont nous terminons l'examen sans lui rendre cette justice, qu'il a été à son heure l'un des incidents notables de l'élaboration du tracé et de l'entreprise du canal des deux mers. Toute grande chose ne se fait que par des efforts successifs, qui ne le sait ? Et bien souvent l'œuvre de facultés rares et d'une existence d'homme est de poser un jalon au-delà duquel la route se poursuit et dévie. M. Linant est l'un des premiers qui, vers 1833, eurent l'ambition de réaliser de nos jours cette communication antique. Dominé par la tradition scientifique de l'expédition d'Égypte, il reçut de M. Lepère la croyance à l'inégalité de niveau des deux mers et l'indication du canal de Suez à Peluse. Plus hardi dans l'erreur, il ne craignit pas d'en faire un bosphore, et, avec une passion soutenue et une incontestable sagacité dans les détails, il s'appliqua à dresser des plans qui donnèrent un corps à l'idée et en furent le premier spécimen. C'est à ses plans que les promoteurs de l'entreprise s'étaient tous ralliés jusqu'au jour où les nivellements de 1847, dirigés par M. Bourdaloue, firent évanouir l'hypothèse qui en était la raison première. Alors survint dans ce groupe d'hommes éminents une scission dont les suites importantes vont nous occuper. M. Linant demeura fidèle à l'œuvre la plus chère de sa vie, on ne saurait s'en étonner, et au tracé direct, qui, selon nous, se défend mal devant une saine critique. Quoi qu'il en soit, son projet a été un acheminement digne de gratitude, et son nom restera attaché à l'œuvre dont il a été, dont il est encore en ce moment l'un des précurseurs infatigables et nécessaires.

II. — SYSTÈME DU TRACÉ INDIRECT – PROJETS DU CANAL PAR LE BARRAGE ET PAR LA PARTIE MOYENNE DU DELTA.

Ce système est le seul qui ait jamais été appliqué. Les anciens n'avaient pas cru devoir s'abstenir des eaux du Nil pour une voie navigable, et ils n'interdisaient pas à une route commerciale l'abord d'un grand centre commercial tel qu'Alexandrie. C'est sur cette tradition que M. Lepère avait modelé son projet de canal à petite navigation, dont il a été parlé. Ces exemples pendant longtemps furent perdus pour les promoteurs de l'entreprise de Suez. Ils pensaient que si la vieille Égypte avait établi la communication des deux mers à travers son territoire même, ç'avait été pour s'en réserver le monopole : puisque aujourd'hui toutes les nations devaient s'en partager les bénéfices, ils concluaient que c'était à l'isthme à recevoir ce grand chemin du monde, l'isthme où la nature avait fait les premiers frais du canal, et dont les marées hautes de la Mer-Rouge surtout attestaient la prédestination providentielle. L'isthme eut sa théorie, et cette théorie eut cours jusqu'aux nivellements de 1847, qui amenèrent la crise. Les uns, comme on l'a vu, persistèrent dans le tracé direct ; quelques autres reconnurent que l'isthme les avait dévoyés et qu'il fallait retourner à l'Égypte et au Nil. Ils comprirent que l'Égypte n'avait point à prendre ombrage de ce trajet intérieur du canal, grâce à la politique loyale et pacifique des temps nouveaux, et ils entrevirent d'une part les relations commerciales du pays et de l'Europe se développant par ce contact, de l'autre le canal ne mettant le Nil à contribution que pour ajouter à la fertilité du sol. Alors, de même que naguère en société de M. Linant ils avaient emprunté à M. Lepère le tracé de Suez à Peluse, ils lui empruntèrent la tradition antique pour l'élargir conformément aux progrès de la civilisation et de l'art. Telle est en effet la gloire de l'ingénieur de l'expédition d'Égypte, que les deux systèmes actuellement en présence remontent à lui, comme à l'initiateur dans cette question du tracé.

Alors la passe du canal, retirée de la plage scabreuse de Tineh, fut fixée à Alexandrie, dont les titres précédemment oubliés parurent incomparables. La prise d'eau fut placée entre le Caire et le barrage. On sait que le barrage, dont l'objet est de pourvoir aux arrosages de l'été par l'élévation des eaux, se construit, d'après une désignation de Napoléon, au point du Delta où le fleuve se bifurque. Le Nil, devant le Caire, est à 19 mètres au-dessus des basses mers de la Méditerranée et de la Mer-Rouge durant la crue, à 13 mètres environ durant l'étiage. Le Caire est l'une des capitales de l'Égypte, et, en lui amenant toutes les voiles de l'Europe et de l'Asie, on voulut presque en faire un port de mer. De la sorte, comme si l'on eût été poussé à réagir le plus énergiquement possible contre le système de l'isthme, on se mit en pleine possession du Caire, du Nil et du barrage, sans doute en vertu d'un système reposant sur ce Delta qu'on avait si longtemps abandonné. C'est de ce point de partage que le canal dut mettre les deux mers en communication par deux branches descendant l'une à Alexandrie, l'autre à Suez ; alimenté d'eau douce, il avait à répandre sur son parcours la fécondité et la vie.

Nous venons de raconter, en esquissant le projet de M. Talabot, comment on est passé du tracé direct au tracé indirect. Ce tracé, ainsi qu'on a pu en juger, accomplit le programme, pourvu que la passe soit convenablement fixée à Alexandrie. Là est évidemment la clé du système.

Que dire contre Alexandrie ? On n'y a rien repris, sinon qu'un banc de sable occupe le tiers environ du Port-Vieux. Et que dire pour Alexandrie ? Que c'est le meilleur port de l'Afrique septentrionale et le seul de l'Égypte ? Tout cela est si connu, qu'un certificat admirable de Napoléon en faveur de sa position naturelle et de sa destinée commerciale et politique serait surabondant. Choisir Tineh quand on a Alexandrie sous la main, c'est bâtir à Chalcédoine en face de Byzance. C'est faire pis. On ne crée pas à grands frais ce qui n'a jamais été et n'a pas puissance d'être, lorsqu'on peut se servir de ce qui est. On améliore ce qui est bon, on ne le sacrifie pas pour fonder à tout prix ce qui exigera un entretien perpétuel et sera perpétuellement médiocre. Tout cela est de la raison la plus vulgaire. Le choix d'Alexandrie se défend par des lieux communs. C'est en effet l'idée vraie sur laquelle on n'a mis le doigt qu'à la fin, comme cela arrive fréquemment. Un jour il semblera étonnant qu'on ait pu proposer à l'Europe de risquer cent millions à Tineh afin de se passer d'Alexandrie, où il y a un mouvement annuel de 700,000 tonneaux. Nous n'avons qu'un mot à ajouter : n'est-ce pas transformer heureusement le port créé par Alexandre pour être l'entrepôt de l'Europe et de l'Asie que d'en faire la tête du canal des deux mers ?

Le tracé indirect est donc le vrai système du canal, et c'est l'honneur du projet de M. Talabot de l'avoir retrouvé. La question a gagné en précision. Alexandrie est une donnée d'une autre nature, mais du même degré que Suez ; ce sont les deux points nécessaires. L'isthme n'est plus le milieu de traversée, c'est le Delta ; le canal n'est plus un cours d'eau salée, c'est un fleuve : un canal d'eau douce, le Delta, Alexandrie et Suez, tels sont les termes désormais indiscutables. C'est une formule acquise. Est-elle suffisamment précise, est-elle complète ? Nous allons l'apprendre en examinant le projet qui en est l'expression ; mais, qu'on veuille le remarquer, ce projet n'est pas le seul mode d'application du système, qui en comporte deux autres, à ce qu'il semble. Ce sont trois en tout : 1° le canal peut passer par la zone supérieure du Delta et l'envelopper de ses deux branches, c'est le projet de M. Talabot ; 2° le canal peut traverser la partie moyenne du Delta et le scinder en deux portions ; 3° enfin le canal peut avoir son parcours sur la zone maritime du Delta. Autrement dit, le canal peut passer par le sommet du triangle, par le centre ou par la base. Il faudra donc, pour ne pas manquer à l'ordre méthodique de cette étude, examiner successivement les trois tracés dans lesquels le type unique du tracé indirect se réalise ; l'un des trois ne peut pas ne pas être le tracé normal cherché.

L'idée caractéristique du projet de M. Talabot, c'est le canal se combinant avec le barrage. Quoique le canal doive concourir à l'irrigation du sol, l'accord des intérêts du commerce de l'Europe et des intérêts de la production de l'Égypte eût paru incomplet à moins de la solidarité de la grande voie navigable du monde et du grand bassin d'arrosage du Delta. Cela est d'une vue supérieure sans contredit, et quand bien même la juxtaposition du canal et du barrage ne serait pas la condition indispensable de cette solidarité, c'est le cachet d'originalité et de force du projet. Nous en avons dit la pensée, voici les moyens. Le canal, qui durant les crues a la possibilité de traverser le Nil, le traversera durant l'étiage à la faveur de la retenue provenant du barrage, si pourtant le barrage s'achève, si pourtant la retenue est suffisante. En cas d'insuffisance ou de non-achèvement, le canal passera le fleuve sur un pont, qui alors servira à l'établissement définitif de ce barrage commencé il y a plus de vingt ans pour être recommencé et interrompu. Ainsi un chenal, moyennant le barrage terminé et le niveau convenable de la retenue ; faute du barrage ou de la retenue, un pont-canal : — telles sont les deux propositions.

Entre ces deux propositions, nous n'avons à discuter que celle du pont-canal, qu'il est impossible d'écarter. En effet, d'après les assertions des ingénieurs successivement chargés du barrage, la retenue, à son maximum, ne sera jamais supérieure de plus de 4 mètres à 4m 50 aux basses eaux du Nil, et comme le radier est à 10 mètres environ au-desssus des basses mers, le chenal n'aurait pas le tirant d'eau de 8 mètres. Selon l'auteur du projet, le niveau de la retenue pourrait être relevé ; mais, s'il n'en avait pas désespéré, il n'aurait pas proposé le pont-canal avec autant de résolution ; ce n'est pas une alternative qu'il soit le maître de choisir ou de rejeter, c'est une nécessité, et il l'accepte comme s'il l'eût choisie.

Le pont-canal aura 1,000 mètres de long. C'est la longueur qui est adoptée pour le barrage, et nous ne la contestons pas, quoique faible assurément en raison du débouché que le pont présentera aux eaux du fleuve. La largeur ne peut être moindre de 25 mètres. La charge à supporter sera une profondeur de 8 mètres d'eau. Le plan d'eau sera à 12 mètres au-dessus des hautes eaux du Nil, c'est-à-dire à 31 mètres au-dessus des basses mers. C'est par cette cime que passera la navigation du monde. Un pareil édifice exige une solidité massive qui défie les siècles. La construction des écluses attenantes au pont et des biefs subséquents veut une égale solidité. Nous ne refusons pas de croire que l'art dominera les difficultés et les risques d'une œuvre qui laisse moins l'impression du colossal que du gigantesque ; nous n'avons à nous préoccuper que des conséquences du tracé. Ces conséquences doivent être d'un prix inestimable pour racheter la première.

Et d'abord on ne saurait imaginer une nappe d'eau de 100 mètres de largeur et de 8 mètres de profondeur, partant de la cote 31 mètres auprès du Caire pour arriver à zéro à Alexandrie et à Suez, sans se représenter le Delta enveloppé d'une muraille surmontée d'un fleuve et sans en entrevoir les tristes effets. Dans la branche d'Alexandrie, les raccordements avec les canaux existants seront laborieux. Il y aura à toutes les communications des empêchements à vaincre. Passer sous le canal ne sera possible que dans les biefs supérieurs, passer dessus ne sera possible qu'avec des ponts tournants d'une grande portée, qui seront autant d'entraves à la navigation. Et les relations seront incommodes, malgré le voisinage, entre le canal et le Caire, dont les expéditions ne pourront être embarquées qu'après élévation préalable. Ce serait le moindre mal ; voici le pire. Le Caire est le point de passage obligé et la station centrale de cette navigation fluviale qui descend et remonte entre la Haute-Égypte, l'Égypte moyenne et ; la Basse-Égypte. Selon toute vraisemblance, cette navigation s'habituera à descendre et à remonter par le canal des deux mers et par des canaux destinés à en alimenter les biefs inférieurs, qui seront dérivés du Nil ; à l'ouest ou à l'est, à une grande distance en amont du Caire. D'autres stations se créeront à son usage. Le vieux port intérieur sera délaissé ; c'est une éventualité aussi positive que la différence de 19 mètres ; cote des hautes eaux, à 31 mètres, cote du plan d'eau du pont-canal. Le Caire ne deviendra pas le port de la navigation européenne et cessera d'être le port de la navigation égyptienne. Le canal est à ses portes, mais il est inaccessible. C'est le détrônement de la capitale de l'Égypte Nous avons dû insister sur ce point, puisqu'on justifie le tracé par l'intention expresse de favoriser le Caire, tout aussi bien qu'Alexandrie, de la présence du canal.

Ferons-nous ; observer que ce tracé nécessitera de nombreuses écluses ? En tout il y en aura vingt au moins. À une demi-heure pour le passage de chacune, ce sont dix heures, et si la navigation se fait à 4 kilomètres par heure, le canal qui a 392 kilomètres, est allongé de 40 kilomètres pour la durée du parcours. On a aussi entrevu sans doute que l'alimentation du pont-canal ne pouvait être qu'exceptionnelle. Puisque son plan d'eau est à 12 mètres au-dessus des hautes eaux du Nil, j, il faudra bien, durant l'étiage, élever chaque jour à 16 mètres de hauteur à peu près un million de mètres cubes d'eau par des machines à vapeur, ce qui représente un effort théorique d'environ 2,400fchevaux au lieu de 6 ou 800 chevaux qu'on a comptés ce qui suppose les frais d'un matériel à installer et des dépenses d'entretien et de combustible. Lors de la crue, l'élévation étant moindre, les dépenses diminueront ; mais, lors des basses eaux, ne faudra-t-il pas doubler le million de mètres cubes d'eau afin de réparer les pertes occasionnées par l'évaporation ? Ce ne serait point assez si les infiltrations considérables dans biefs supérieurs n'étaient prévenues par la construction de ces biefs en maçonnerie

Ce calcul des eaux nécessaires à l'alimentation n'est pas destiné seulement à montrer ce qu'il en coûte pour les élever, il montre ce que le canal emprunte au Nil. Tout en approuvant la choses on doit considérer le bon emploi des eaux empruntées et l'à-propos de l'emprunt. Or, par suite de son tracé, le canal ne sera qu'un instrument imparfait de fertilisation. La branche de Suez, qui traverse une région déshéritée, servira ; la branche d'Alexandrie ne fera rien qui ne soit ou ne puisse être faite par les canaux existants et par la branche de Rosette, qu'elle accompagne de près ou de loin, et dont elle sembla la doublure. Ce qui est plus grave, c'est que le canal s'approprie les eaux du fleuve à un point où, en vertu de l'élévation, elles sont facilement applicables à la fécondation du sol ; dès lors tout ce qu'il distribue sur une localité est privation sur une autre, et tout ce qu'il réserve pour la navigation est un détournement. À l'époque des crues, ce n'est qu'un infiniment petit ; durant les basses eaux, quand le débit du fleuve n'est plus que de 60 millions de mètres cubes par jour, ce qu'il en prend, soixantième ou trentième, affecte sensiblement des ressources disponibles pour l'arrosage. C'est en cela que l'alimentation du canal est justement incriminée. Enfin qu'arrivera-t-il lorsqu'il y aura au sommet du Delta une combinaison du barrage et du canal, combinaison fondamentale dans le projet ? Le barrage centralisera les eaux au profit des zones supérieure et moyenne de la Basse-Égypte ; le canal consommera par jour 1 ou 2 millions de mètres cubes d'eau ; les branches du Nil, encore plus affaiblies à leurs extrémités, laisseront remonter en plus grande quantité les eaux de la mer, qui dès aujourd'hui se répandent sur le sol et pénètrent dans les grands lacs, dont elles concourent à maintenir l'étendue, retranchant ainsi des espaces immenses du territoire cultivable des bords de la Méditerranée. Il est impossible de ne pas reconnaître qu'au point de vue de l'alimentation et des rapports du canal avec le fleuve la direction du tracé a des inconvénients sérieux.

Nous n'avons plus qu'à résumer nos observations. Ce canal absorbe une partie notable des eaux utiles du fleuve, il en absorbera davantage à mesure qu'il sera fréquenté. L'alimentation s'opère, dans des proportions considérables, par des procédés artificiels et dispendieux. La construction du pont-canal et des biefs supérieurs présente des difficultés qui ne seront pas abordées sans héroïsme ni sans additions au devis. Le pont-canal seul coûtera 38 millions, au bas prix. La multiplicité des écluses grève la navigation d'une perte de temps. Et tout le Delta est emprisonné dans une enceinte de près de 400 kilomètres. De la un obstacle aux passages, des dépenses pour les établir, et néanmoins la liberté des communications demeurera gênée. Le tout serait d'un entretien onéreux. Le barrage semble avoir été, dans ce projet, ce que la marée haute de la Mer-Rouge a été dans l'autre, — l'origine d'une erreur dans la direction du tracé. La marée haute a tenu le canal dans l'isthme, le barrage l'a attiré jusqu'au sommet du Delta. Ce sont deux voies extrêmes. Par suite, dans le premier projet, le canal est un cours d'eau salée dont l'Égypte n'a pas besoin ; dans le second, c'est un courant d'eau douce aux dépens du fleuve, dont l'Égypte n'a point assez. Et comme si le parallèle devait aller jusqu'au bout, tandis que la rectification du niveau de la Mer-Rouge laisse le canal de l'isthme aux prises avec les hasards de Tineh, l'insuffisance de la retenue du barrage met le canal de la zone supérieure du Delta à l'épreuve d'un pont-canal. Enfin ce pont-canal, s'il se faisait jamais porterait malheur au Caire, de même que le débouché à Peluse porterait malheur à Alexandrie. Sous le rapport des conséquences de l'exécution, les deux projets sont comparables, mais aucune comparaison n'est permise au point de vue théorique. Le projet du canal par le barrage a été une heureuse réaction contre le tracé direct et la coupure de l'isthme : restitution du canal des deux mers à Alexandrie, à l'Égypte et au Nil, conciliation des intérêts de la navigation européenne et de la prospérité agricole de l'Égypte, modification du régime du Nil pressentie dans la juxtaposition du canal et du barrage, tels sont les mérites de cette conception. Nous aurons à voir si la solidarité du barrage et du canal ne se réalise pas mieux à distance qu'à proximité, si l'un des deux autres modes d'application du système n'en fait pas mieux ressortir les avantages en supprimant les inconvénients de ce premier mode. Il n'en faut pas moins reconnaître que la formule originelle du tracé indirect est issue de ce projet. Le principe restera ; c'est un service public.

L'opinion du pacha d'Égypte est maintenant expliquée. Le percement de l'isthme semble le projet vraiment égyptien en regard d'un projet qui fait du canal des deux mers une concurrence au Nil, une immixtion dans le barrage, une sorte d'entreprise contre le Caire, Entre les deux projets, le prince a opté pour le plus innocent en apparence, et il livre l'isthme à percer. Cette prudence ne pèche point par timidité ; le prince qui continue tout ce que le gouvernement de Méhémet-Ali eut de progressif et de civilisateur n'avait pas d'autre moyen de concilier le bien de ses états et le vœu de l'Europe. C'est un signe que le dernier mot de la question du tracé n'a pas été dit.

Ce dernier mot serait-il dans le deuxième mode de réalisation du tracé indirect, dans l'hypothèse du canal traversant la partie moyenne du Delta ? En se tenant sur les limites de cette zone et du littoral, il n'aurait point à léser le réseau central des canaux d'irrigation ; mais après ce qui a été dit, le vice de ce tracé est jugé. L'alimentation du canal absorberait les eaux utiles du fleuve. En outre, par suite de cette section mitoyenne, qui retrancherait en quelque sorte de l'Égypte la zone maritime où sont Damiette et Rosette, il attirerait à lui ce qui y reste de vie commerciale, et frapperait de mort une région déjà fort malheureuse. Les difficultés sont pareillement appréciées à l'avance. Ce sont les travaux que nécessiterait la traversée des deux grandes branches, à 40 ou 50 kilomètres en amont de Rosette et de Damiette, c'est-à-dire un barrage sur chaque branche, élevant le niveau du Nil de 4 mètres au moins ; travaux pénibles et coûteux, qu'on n'aborde pas sans une perspective d'avantages que ce tracé n'offre pas, à moins qu'on n'attachât une valeur extraordinaire à un raccourcissement d'environ 40 kilomètres sur les autres parcours possibles entre Suez et Alexandrie. Il est clair qu'à quelques différences près, cette hypothèse entre dans le projet précédent, dont elle n'est qu'une variante, aussi jamais personne ne s'est avisé ni ne s'avisera de cette conception bâtarde.

Jusqu'à cette heure, on l'aura remarqué, nous ne procédons que par exclusion. Si nous avons judicieusement appliqué le programme, le tracé normal que nous cherchons est en dehors du tracé direct, de tout projet de ce genre, et, sur les trois solutions que comporte le tracé indirect, les deux premières ont été régulièrement écartées ; il n'y a d'admis que le système, et dans le système, rien ne subsiste que la troisième des solutions c'est-à-dire l'hypothèse du canal passant par la base du Delta. Cette hypothèse, nous la soumettons au public comme une proposition en notre nom. Peut-être ce tracé, en dehors de toute direction excentrique, paraîtra-t-il réaliser rationnellement les données du système.

III. – PROJET NOUVEAU.

Ce projet procède de la formule du système adopté, mais de cette formule sans lacunes, telle que nous l'avons complétée. En acceptant Alexandrie, Suez, le Delta et un cours d'eau douce comme des termes indiscutables nous y avons introduit les définitions suivantes : « 1° Le canal doit utiliser les eaux du Nil au profit du commerce du monde sans les distraire de leur destination, naturelle, la fécondation du sol égyptien, tout au contraire, en aidant à la mise en culture de superficies immenses, aujourd'hui improductives et inhabitables. 2° Le canal, en se combinait avec les ouvrages hydrauliques établis ou à établir, doit favoriser une répartition plus abondante des eaux et en ordonner le régime ; 3° Le canal doit être d'un seul bief, et, tout en offrant à la grande navigation les facilités voulues, il doit concourir à l'extension et à la régularisation de la navigation intérieure de l'Égypte. »

Cet ensemble de données ne laisse rien à désirer, et notre projet y est conforme, du moins nous le pensons. Il est entendu, sans que nous le disions, que certaines parties du tracé ne peuvent être qu'approximatives jusqu'après étude sur le terrain, et que, nous prenons pour base les nivellements de 1847.

Les dimensions du canal communes aux deux autres projets sont aussi les nôtres, si ce n'est que nous comptons 8m50 pour la profondeur *minima*. Le plafond est établi à 6m50 au-dessous des basses mers ; le plan d'eau normal est au niveau des hautes marées de la Mer-Rouge, soit à 2 mètres au-dessus des basses mers ; comme pendant la crue il pourra s'élever de 0m50, alors la profondeur de 8m50 sera portée à 9 mètres.

Le nouveau canal forme un seul bief ayant son origine dans le Port-Neuf d'Alexandrie et son débouché dans le golfe de Suez. Nous nous rallions au projet de M. Talabot pour les dispositions relatives à ces deux passes.

À partir d'Alexandrie, le canal, dont la carte jointe à cette étude indique le tracé, prend sa direction par la zone maritime du Delta ; il gagne la baie d'Aboukir, de là il passe au nord du lac d'Edko, dont il ferme la communication avec la Méditerranée, et il va couper, en aval de Rosette, la première branche du Nil, dont il reçoit les eaux pour les rendre ensuite à la mer. Il entre dans le lac Bourlos, et son trajet reste à peu près parallèle à la côte jusqu'au point où il coupe la deuxième branche du Nil en aval de Damiette, pour en recevoir et en rendre les eaux comme à Rosette ; puis il traverse le lac Menzaleh, s'infléchit au sud en laissant Peluse à l'est, passe dans le lac Ballah et coupe le seuil d'El-Ferdan, seul point où il rencontre des dunes de sable mouvant. Enfin au lac Timsah, qui conserve sa destination de port intérieur, il se raccorde avec le tracé direct, dont il emprunte le canal de rattachement au Caire, et après avoir coupé le seuil du Serapeum et traversé les lacs amers, il arrive au golfe de Suez par les plis de terrain les moins élevés.

La longueur totale du canal est d'environ 390 kilomètres, sur lesquels il y en a près de 200 dans les lacs ; elle diffère à peine de la longueur du canal par le barrage, qui a 392 kilomètres, et l'on peut considérer comme égales les longueurs des deux canaux selon le tracé indirect. Toutefois le nouveau canal n'a pas vingt écluses ; il n'a qu'un bief, comme de canal de Suez à Peluse ; cet avantage, revendiqué comme un privilège du tracé direct, n'est pas particulier à ce système.

Le problème de l'alimentation est résolu par un procédé irréprochable. Le Nil y contribue seulement à ce point de son cours où les eaux ont pourvu aux besoins du pays et approchent de leur termes la navigation entre les deux mers ne s'approprie qu'une partie de ce qui est disponible après l'usage, et va se perdre soit dans les lacs, soit dans la Méditerranée. C'est là ce dont on a pu se convaincre sur la simple indication du tracé. Venons aux détails. Le canal est principalement alimenté par les deux branches de Rosette et de Damiette, et par le canal de rattachement du lac Timsah au Caire, qui, sous ce rapport, a le rôle d'une troisième branche. En outre, quatre branches secondaires, dont trois courent du sud au nord et une du sud au nord-est, toutes les quatre canalisées, lui apportent le tribut des eaux qui s'échappent des canaux d'irrigation de la partie moyenne du Delta, après les avoir reçues d'une large rigole transversale qui devra être disposée pour les recueillir. Cette rigole forme un premier bief entre les branches de Rosette et de Damiette, qu'elle met en communication, ainsi que le gouvernement égyptien en a depuis longtemps le projet. En se continuant au sud du lac Menzaleh, elle forme un second bief qui s'étend depuis Mansourah sur la branche de Damiette jusqu'à un point situé entre l'extrémité de ce lac et le lac Ballah, point où elle se relie au canal des deux mers en lui fournissant le contingent de ses eaux. Enfin, au besoin, le canal disposerait, pour la section comprise entre Suez et les lacs amers, des eaux de la Mer-Rouge à marée haute. On voit qu'il n'y a plus lieu à l'accusation d'un détournement du fleuve ; le nouveau canal, en s'établissant sur les parties extrêmes de ses branches principales ou secondaires, ne fait que s'interposer entre leurs eaux déjà utilisées et les lacs ou la mer, afin de les utiliser une dernière fois. Au lieu d'épuiser le Nil, il le rendrait plutôt inépuisable.

Et l'alimentation est garantie par toutes les mesures adoptées. Le niveau de la rigole transversale est déterminé de façon à donner une pente suffisante et un écoulement facile vers le canal aux quatre branches secondaires qui s'y rendent et partent, trois du bief compris entre les branches de Rosette et de Damiette, une du bief à l'est de la branche de Damiette. En outre, afin que cette rigole soit navigable durant l'étiage, alors qu'elle ne recevra que peu d'eau des canaux supérieurs, elle doit pouvoir en prendre aux deux branches principales, et elle y est rattachée par des écluses. C'est d'après ces données que seront décidés la position des écluses et le tracé de la rigole, qui n'a qu'une valeur de simple indication jusqu'au nivellement complet du cours du Nil et du terrain. — Il est donc hors de doute que, même en basses eaux, la profondeur de 8m50 sera parfaitement maintenue dans la partie nord et nord-est du canal.

La partie sud, pendant la crue, est exclusivement alimentée par la branche de Timsah, dont les dimensions et la pente seront calculées en conséquence, et dont nous avons dit l'importance dans le projet nouveau. Sans pouvoir encore préciser le point de rattachement au Nil, afin de n'être pas obligés à une élévation artificielle des eaux du fleuve dans cette branche, nous reportons la prise d'eau en amont de celle de l'*amnis Trajanus* ou du canal d'Amrou, et nous en augmentons la longueur. Elle en aura plus de terrains à fertiliser, et, pour donner à ses distributions plus de portée, nous la tenons, dans son trajet jusqu'au lac Timsah, sur les parties hautes de l'Oua-di-Toumilat. C'est par cette branche qu'à l'époque des crues, les lacs amers et la portion du canal comprise entre ces lacs et Suez forme-ront un bief d'eau douce favorable à la culture. Lors de l'étiage, il serait possible à la rigueur de maintenir ces lacs en eau douce et au niveau normal. Toutefois l'évaporation enlèvera chaque jour une tranche de 0m 02 de hauteur à leur superficie, et, quoique nous nous proposions de la réduire par des endiguements de 330 mil-lions de mètres carrés ; à 200 millions, l'évaporation rien sera pas moins de 4 millions de mètres cubes par jour. Il pourra donc être nécessaire, pour remplacer une partie des eaux du Nil, de faire in-tervenir par moments les marées de la Mer-Rouge ; il sera prudent d'y avoir égard dans les travaux de Suez. Tout ce qui précède nous met en devoir de fixer la largeur de la branche de Timsah et de la rigole transversale à un minimum de 50 mètres à la ligne d'eau, et la largeur des quatre branches secondaires à 40 mètres ; les écluses auront 12 mètres de large sur 60 de long.

Quant aux deux branches principales que le canal coupe en aval de Rosette et de Damiette, on y établira à chaque embouchure un barrage à l'effet de relever le plan d'eau au niveau de celui du ca-nal, soit de 2 mètres environ, et le fleuve sera endigué en amont jusqu'au point où le remous dû au barrage se fera sentir. Si on ac-cepte la cote 19 mètres pour les hautes eaux au Caire, la pente sup-posée uniforme jusqu'à la Méditerranée serait pour un parcours de 160 kilomètres d'environ 0m12 par kilomètre, et un endiguement de 17 kilomètres suffirait pour racheter la différence de niveau du fleuve et du canal ; nous le portons à 40 kilomètres de long sur chaque branche, afin de tenir compte des sinuosités du Nil et d'évi-ter dans nos évaluations toute erreur en moins.

D'après ce qui vient d'être exposé, un fait doit frapper : c'est que le nouveau canal entre en relations avec l'intérieur de l'Égypte, soit par les branches du Nil qui deviennent ses affluents, soit par un système de canaux dont les uns existent, dont les autres sont à créer, tous faisant en quelque sorte corps avec lui, tous servant à la fois à la navigation et à l'arrosage, de telle manière qu'en appliquant les eaux égyptiennes à un usage universel, il en multiplie les applications à l'usage particulier du pays. Ses relations avec la Méditerranée ne concourent pas moins à l'amélioration des communications maritimes du Delta.

Après avoir réuni toutes les eaux qui ne servent pas à l'irrigation, le canal doit rendre à la mer l'excédent qui ne serait pas consommé par l'évaporation, les infiltrations, et les mouvements d'entrée et de sortie des bâtiments à Suez et à Alexandrie. Sans doute, aux embouchures de Rosette et de Damiette, on aurait pu se contenter d'établir, immédiatement après le bief du canal, un barrage avec écluse, en conservant en aval le lit et les berges du fleuve dans l'état actuel ; mais il vaut mieux endiguer chacune des deux branches jusqu'à proximité de son embouchure, et fonder en ce point un barrage écluse avec sas pour le passage des navires et écluse de chasse pour approfondir le chenal. On donnera au sas une largeur de 15 mètres sur 75 de longueur. La même disposition devra être adoptée à l'embouchure du canal d'arrosage et de navigation qui sera dirigé vers le golfe de Peluse, à peu près dans la voie de l'ancienne branche pelusiaque, afin d'y fertiliser environ 30 mille hectares de terres incultes aujourd'hui et faciles à préserver des marées hautes de la Méditerranée. À ces barrages éclusés on pourra annexer des déversoirs à vannes d'une longueur totale de 3000 mètres. Ces déversoirs, dont le seuil serait placé à la cote 0^m 50, suffiraient seuls au débit du Nil en hautes eaux, époque à laquelle le plan d'eau du canal est relevé de 0^m 50 ; s'il ne paraissait préférable de réduire la longueur des déversoirs et de disposer des vannes de fond sur les points du canal où les vases du fleuve auraient une tendance particulière à s'accumuler. Grâce à cet ensemble de dispositions, le canal sera maintenu à son régime d'eau normal, les ports de Rosette et de Damiette seront améliorés au bénéfice du cabotage des côtes d'Égypte et de Syrie, et l'accès du canal aura été ménagé à cette navigation secondaire sur trois points en dehors de la passe d'Alexandrie, qui sera moins encombrée de petits navires.

Ici se présente une question des plus intéressantes, non-seulement parce qu'elle touche à cet ordre général d'améliorations que le projet introduit, détermine et prépare dans le sol et les eaux de l'Égypte, mais encore parce qu'elle se lie, utilement peut-être, à l'exécution du canal. Est-ce bien à Rosette, à Damiette et à Peluse c'est-à-dire aux embouchures naturelles du canal sur la Méditerranée, qu'il faut pourvoir à l'écoulement régulier des eaux du Nil ? S'il est vrai que les atterrissements du fleuve encombrent aujourd'hui les ports de Damiette et de Rosette, ne serait-il pas convenable, tout en y disposant, ainsi qu'à Peluse, des écluses de chasse, d'établir des vannes de fond et des déversoirs sur d'autres points de la côte ? N'y aurait-il pas avantage et même économie à se réserver de choisir le terrain, et de répartir l'écoulement des eaux de la façon la plus conforme à la tenue d'eau du canal ? La langue de terre qui le sépare de la mer est d'une largeur médiocre et se prêterait à l'installation de ces ouvrages. Dans cette hypothèse, la largeur des branches du Nil en aval du canal pourrait être réduite aux proportions qu'on jugerait à propos de fixer, soit qu'on opérât sur leur lit, soit qu'on procédât par des dérivations. Il suffirait de leur laisser les dimensions que la petite navigation comporte. Par là l'importance des barrages placés à l'embouchure serait singulièrement atténuée, l'exécution simplifiée, surtout s'il n'y avait à les construire que sur des dérivations, et ce parti serait probablement le moins coûteux. C'est alors le canal même qui servirait de lit au fleuve dans les portions comprises entre les principaux affluents et les débouchés vers la mer ; sa section devrait y être augmentée, et de la se ferait sans exagération de dépense, à la faveur des lacs de la côte nord, qui y concourraient naturellement. Nous nous bornons à ces aperçus relativement à une question sur laquelle il n'est permis de statuer qu'après des études définitives ; mais nous avions à noter l'une des ressources éventuelles de l'exécution.

Il n'y a point lieu de le dissimuler : les travaux accessoires qui doivent assurer l'existence du canal, ou qui en sont la conséquence presque forcée, sont multipliés, et nous allons les énumérer. C'est l'une des heureuses nécessités du projet, puisque tous ces travaux profiteront à l'Égypte et emporteront avec eux une rémunération distincte, ainsi qu'on le verra plus tard. Voici, approximativement du moins, les longueurs respectives des deux branches du Nil qui doivent être endiguées, et celles des canaux et rigoles à ouvrir ou à réparer :

Endiguements du Nil sur les deux branches	80 kilom.
Les quatre branches nord et nord-est	130
La rigole transversale	170
La branche du lac Timsah	150
Canal débouchant à Peluse	30
Total	560 kilom.

Avant de faire ressortir les conséquences avantageuses du projet, nous avons hâte d'aller au-devant des objections qu'il nous est aisé de prévoir relativement à la durée et surtout à la facilité de l'exécution. Nous serions étonnés qu'il n'y eût pas quelque inquiétude sur la traversée des lacs, où le canal a un parcours de près de 200 kilomètres, et sur la traversée des deux branches du Nil. Pas plus d'un côté que de l'autre ne se rencontrent de ces difficultés exceptionnelles inhérentes aux deux autres projeta ; la seule hardiesse du projet nouveau, si c'en est une, est de remuer largement la terre d'Égypte ; du reste, il lui est permis d'user de la puissance de l'art avec modération.

Les lacs Bourlos et Menzaleh, que le canal traverse, ne sont pas, comme quelques lacs fameux, de petites mers intérieures, ce qui eût été tout profit pour un canal de jonction ; ce ne sont pas davantage des marais stagnants et vaseux, ce qui aurait pu être un embarras. Ces lacs sont alimentés par la Méditerranée, avec laquelle ils communiquent par les brèches du littoral, et par le trop-plein des inondations du Nil. Leur unique office est de recevoir la décharge des canaux d'irrigation ou les eaux courantes de la crue, et d'en écouler une portion à la mer, sous la condition de se laisser pénétrer par les eaux salées. Entretenus par cette double invasion, ils occupent sur la zone maritime du Delta des espaces immenses et : perdus, et ils gagnent insensiblement en étendue ; l'un et l'autre sont parsemés de bas-fonds et d'îlots nombreux. Tels sont ces lacs, dont la traversée peut être taxée de témérité à l'inspection d'une carte, et cesse d'être un épouvantail après une description exacte. Il y a longtemps que la suppression de ces lacs est l'objet d'une foule de plans ou de rêves ; mais rien n'était plus difficile sans une sorte de remaniement général des eaux et des terres du Delta, et rien ne sera plus facile pour nous, dès le début, que d'en assécher rapidement la plus grande partie, grâce aux opérations qui doivent précéder l'exécution du canal.

Avant toute chose, la rigole transversale sera établie, afin de recueillir les eaux des terrains supérieurs et de les envoyer directement à la mer par les branches principales et secondaires, qui seront immédiatement endiguées ; en même temps, les ouvertures donnant entrée à la mer seront fermées par l'élévation des berges extérieures du canal. Dès que ces opérations auront diminué l'étendue des lacs, et après que le tracé exact du canal aura été déterminé à travers les parties les plus profondes, on creusera le chenal avec des dragues ; on fortifiera les berges du côté de la Méditerranée, et, avec le produit du dragage, on créera la berge intérieure qui se trouvera avoir une assiette large et solide dans les chaînes d'îlots et de bas-fonds actuellement visibles ou ultérieurement émergés. Les premières couches de ce dragage seront de la vase de rebut ; les couches subséquentes, enlevées à plus de profondeur, ramèneront le sol même du Delta, qui sera très propre à la formation des berges. C'est la drague qui sera dans ces lacs l'instrument de création. Tous les ans on appliquera contre les berges les terres limoneuses qu'elle aura extraites du fond du chenal, afin d'y maintenir le tirant d'eau voulu, et l'on réduira d'année en année la ligne d'eau du canal, qui tout d'abord, sur la plus grande partie de la traversée du lac, présentera une largeur excessive, allant peut-être jusqu'à 2 ou 3 kilomètres ; avec le temps et la drague, le lac sera restreint aux dimensions normales du canal.

Et cet endiguement sera aussi pratiqué dans le lac Timsah et les lacs amers, dût-il l'être par une autre méthode et à plus de frais. Il est sage de resserrer la superficie de toutes ces nappes, au lieu de les abandonner à leurs limites naturelles et de livrer ainsi à l'évaporation d'énormes quantités d'eau du Nil susceptibles d'un meilleur emploi. Pourtant il sera à propos de réserver dans les lacs Bourlos, Menzaleh et Timsah, des enceintes où l'on établira des ports intérieurs correspondant chacun à l'une des branches secondaires du fleuve, toutes navigables. En définitive, le projet nouveau fait complètement ce que les autres projets ne font qu'en partie : il s'empare de tous les lacs de la Basse-Égypte ; il les utilise tous, soit comme lit du canal, soit comme ports, soit comme dessèchement et restitution de vastes domaines à la culture. Il fait ainsi disparaître un état déplorable de barbarie contre lequel se sont élevées tant de protestations impuissantes, et, loin d'offrir des obstacles, cette précieuse traversée des lacs réduit notablement le cube des terrassements à exécuter ; elle suffirait pour légitimer la direction du nouveau canal et l'autoriser.

La traversée des deux branches du Nil est la seule difficulté sérieuse que nous avons à avouer ; pourtant il n'y a lieu de s'en effrayer que si l'on fait abstraction des conditions particulières du projet. Il ne s'agit pas pour nous de traverser le fleuve au sommet du Delta, soit à l'aide d'un barrage qui devrait en relever les eaux de 8 mètres au moins, et qui coûterait 20 millions, soit à la faveur d'un pont-canal qui en coûterait 38. Et cependant, excités par l'espoir de beaux résultats, des hommes d'une habileté rare et d'une grande renommée ne reculent ni devant les dépenses ni devant l'audace de cette traversée. Il ne s'agit pas davantage pour nous de couper le fleuve au centre du Delta, là où il suffirait d'en relever le niveau de 4 mètres environ. Personne n'a songé à aborder cette traversée, moins à cause des difficultés d'exécution qu'à cause d'inconvénients notoires. Il s'agit de traverser le Nil près de son embouchure, à ce point de son cours où il suffit d'un relèvement de 2 mètres pour assurer l'existence d'un canal dont les avantages ne sont plus douteux. Devant un tel prix, quelque intrépidité serait permise, et, en regard des difficultés des deux autres traversées, celles de la nôtre s'amoindrissent au point de justifier une sécurité parfaite. Le barrage écluse de chacune des branches, en supposant une profondeur de 4 ou 5 mètres là où il sera établi, n'aura pas plus de 6m50 à 7m50 de hauteur, et cela n'a rien d'effrayant. D'ailleurs, ainsi qu'il a été dit, il sera encore possible d'amoindrir ces difficultés. C'est sur les extrémités des deux branches que nous opérons, et, sans nuire à quoi que ce soit, il nous est permis de faire de ces branches exténuées et difficilement praticables des canaux modestes en rapport avec leur cabotage. Il nous est aisé de faire ces canaux par procédé de dérivation ; il nous est possible de nous délivrer de tout embarras réel ou supposable, en reportant l'écoulement des eaux sur des points nouvellement choisis. Le canal passera sans avoir à forcer le passage, en réduisant des obstacles réductibles ici et nulle part ailleurs.

Quant à la coupure même, il ne s'agit que de terrassements. Le cours du Nil sera régularisé sur 2 kilomètres de longueur environ, sa largeur fixée à 1,500 mètres, et son lit sera raccordé avec le plafond du canal, tant en amont qu'en aval, par une pente de 0m 003 à 0m 004. Ce travail se fera avec des dragues. Chaque branche arrivera donc au canal par une section d'au moins 9,000 mètres carrés, et la section totale de toutes les embouchures du fleuve atteindra sans peine le chiffre de 20,000 mètres carrés, d'où résultera en hautes eaux une vitesse *maxima* de 0m 40 par seconde. En conséquence, le canal ne sera pas beaucoup plus exposé en ce point qu'en tout autre aux envahissements des dépôts limoneux, dont il serait d'ailleurs assez singulier de faire un sujet d'alarme et de reproche. L'eau douce est la condition du canal, et il n'y a pas en Égypte d'eau douce sans limon. Ce n'est qu'une affaire d'entretien, et croit-on qu'il fût meilleur marché d'entretenir le port de Tineh perpétuellement ensablé, ou un canal à point de partage alimenté par des machines à vapeur ? En un mot, la traversée des branches du Nil sera une œuvre assez coûteuse peut-être, mais ordinaire au point de vue de la difficulté et certaine au point de vue de la réussite ; œuvre simple auprès des problèmes d'art et des risques d'insuccès des deux autres projets.

Puisque les ouvrages d'art du projet nouveau sont moindres qu'ailleurs, la durée de l'exécution, malgré la multiplicité des travaux accessoires, est sujette à moins de chances de retard. Six ans peuvent suffire pour l'achèvement du canal de Suez à Peluse, mais non pour Tineh, œuvre majeure par l'étendue des constructions et grosse de complications imprévues, qui ne se terminera pas avant douze ou quinze ans. Cependant, à défaut de ces travaux périlleux, dont le temps est l'élément obligé, le projet, ainsi qu'on le prévoit, a des terrassements considérables. D'après nos évaluations, d'ailleurs très largement faites, il y aurait à remuer, tant pour le canal des deux mers que pour les travaux accessoires, environ 180 millions de mètres cubes, sur lesquels 160 millions devraient être exécutés avant l'ouverture du canal à la navigation ; le reste pourrait être fait plus tard. Or, si ces 160 millions de mètres cubes devaient être exécutés à bras d'homme en six ans, il faudrait en faire 26 millions par an, c'est-à-dire employer constamment plus de 45,000 travailleurs. Ce chiffre énorme en dit assez. Embarras de réunir une telle armée d'ouvriers, maladies provenant de chacune des agglomérations entre lesquelles cette masse se diviserait, désorganisation fréquente des ateliers, perturbations et mécomptes, toutes ces causes ne permettraient pas d'achever le travail avant vingt ans peut-être, et le canal des deux mers aurait décimé la population d'Égypte. Ce n'est pas ainsi que l'industrie européenne doit procéder ; elle peut faire autrement. Le sol du Delta nous paraît d'une nature particulièrement favorable à l'emploi des excavateurs américains dans presque toutes les parties non submergées, et notre tracé à travers les lacs appelle l'emploi de fortes dragues servies par de petits bateaux à vapeur appropriés à la navigation de ces lacs. C'est donc surtout avec des dragues, des machines à terrassement et tous les engins mécaniques qui peuvent économiser des bras que nous voudrions procéder, en réduisant à 15 ou 18,000 le nombre des terrassiers à employer. Ces 15 ou 18 000 hommes feraient en six ans de 50 à 60 millions de mètres cubes ; le reste serait facilement exécuté dans le même temps à l'aide des machines, dont le nombre peut être aussi multiplié qu'on le voudra. Il serait insensé de chercher d'autres moyens d'arriver au but dans un délai raisonnable et de reculer devant l'acquisition de tout ce matériel, quel qu'en soit le prix : il en résulte une économie d'hommes et de temps.

On objectera, au point de vue de l'entretien, les inévitables dépôts de limon ; M. Talabot a rencontré la même objection et admis pour son canal un dépôt de 73,000 mètres cubes par année. On connaît déjà notre pensée à ce sujet, et nous admettons pour notre canal un dépôt annuel de 200 à 250,000 mètres cubes, plus si l'on veut, qui seront dragués à raison d'un franc par mètre, et serviront à réduire l'étendue des lacs, dont la berge, progressivement élargie, sera plantée ou mise en culture. Plus tard ces dépôts seront employés à conquérir sur les sables de nouveaux espaces à mettre en valeur.

Enfin il est un sujet délicat, auquel on n'a jusqu'à présent accordé que peu d'attention, et dont nous croyons indispensable de parler : c'est le mode de navigation du canal. On ne saurait s'y méprendre, il y a impossibilité absolue de la navigation à la voile, surtout pour les navires d'un fort tonnage, sur le canal donné par un projet quelconque ; il fallait donc assurer une traversée régulière, dans le temps le plus bref par un moyen éprouvé. Ce moyen consiste dans le remorquage opéré par des bâtiments toueurs dont la machine agit sur une chaîne noyée au fond du chenal. On disposerait deux chaînes semblables, l'une pour l'aller, l'autre pour le retour, et de puissants remorqueurs, partant chaque jour à des heures fixes d'Alexandrie et de Suez, emmèneraient le convoi des navires qui auraient passé l'écluse, et qui d'ailleurs aideraient à l'opération par l'orientation de leurs voiles suivant le vent régnant. À 4 kilomètres par heure, le trajet se fera sur le nouveau canal en 100 heures et à des conditions fort économiques, environ 1 centime par tonne et par kilomètre. Les bateaux à vapeur eux-mêmes auront profit à prendre la remorque. On voudra bien remarquer que, sur un canal à écluses, chaque bief exigerait deux remorqueurs, ce qui serait fort coûteux, à moins qu'on ne leur fît aussi passer les écluses, ce qui serait une perte de temps ; c'est seulement sur un canal sans écluses que l'on aura tout le gain de ce procédé.

Maintenant nous est-il permis d'en venir aux avantages du projet ? Voici d'abord ceux que le nouveau canal offre à la navigation. La passe la plus éprouvée et la mieux orientée lui est assurée dans Alexandrie ; le choix du Port-Neuf pour débouché lui réserve, en cas d'encombrement, la ressource du Port-Vieux, dont l'entrée sera améliorée. D'Alexandrie à Suez, le canal ne forme qu'un seul bief. Sur plus de la moitié du trajet, la largeur normale de 100 mètres est décuplée. Et le cariai est d'eau douce, excepté par moments dans la section de Suez jusqu'aux lacs amers. Quel parcours plus commode l'Europe aurait-elle à souhaiter, pour ses bâtiments ? Au point de vue des relations commerciales, la navigation est en contact avec le pays. Pour se relier au Caire, elle a le canal du Mahmoudieh à Alexandrie et les trois grandes artères de Rosette, de Damiette, de Timsah. Le Caire se consolera donc de ne pas voir défiler la mâture des bâtiments européens à la hauteur de ses minarets. Entre Alexandrie et Suez, elle a une série d'escales, Rosette, Damiette, et les trois ports intérieurs des lacs Bourlos, Menzaleh et Timsah, qui sont en communication avec l'intérieur du Delta par des voies navigables. Rien de plus n'est possible, et l'on entrevoit les facilités de séjour, d'approvisionnement et de réparation que ces diverses stations offrent aux bâtiments passant d'une mer dans l'autre. C'est la Basse-Égypte tout entière qui devient un marché, et si Alexandrie et le Caire entrent dans une ère d'accroissements infaillibles, la plupart des villes du Delta, dont quelques-unes ont eu aussi leurs jours de splendeur, seront comprises dans la répartition de cette prospérité générale.

Le canal fait plus que faciliter l'échange des produits de l'Égypte ; il ajoute à sa puissance de production et à l'étendue de son sol cultivable. En traversant les lacs, il les supprime ; en passant dans les déserts marécageux de la zone maritime du Delta, il les dessèche, et la culture peut compter parmi les terrains qui lui sont rendus : pour les lacs d'Aboukir, d'Edko et les alentours, 75,000 hectares ; pour le lac Bourlos et les environs, 150,000 ; pour la plaine comprise entre les lacs Bourlos et Menzaleh, 80,000 ; pour le lac Menzaleh et les alentours, 140,000 ; pour la plaine de Peluse, 30,000 ; pour l'Ouadi-Toumilat, 25,000 ; total, 500,000 hectares. C'est un beau département de France que le canal donne à l'Égypte. Si, comme M. Linant l'affirme, un hectare cultivé produit 250 fr. par an, l'Égypte est mise à même, moyennant les frais de culture, d'augmenter son revenu annuel de 125 millions. Or ces frais de culture consistent surtout dans les dispositions à prendre pour que l'hectare soit arrosé, et l'irrigation est garantie à ces 500,000 hectares par les travaux mêmes que le canal nécessite ou crée. En effet le canal se relie à tout le système des eaux de la Basse-Égypte pour l'améliorer, le régulariser et le compléter. Accroissements de l'irrigation et de l'arrosage, assainissement du pays, développements de la viabilité fluviale, tels sont ses bienfaits, et ce bon aménagement des eaux dans le Delta, en se combinant avec le barrage du Caire et la construction de barrages supérieurs, permet d'affecter une partie des retenues provenant de ces barrages à l'Égypte moyenne sans dommage pour l'Égypte inférieure. Tout se prépare par un premier enchaînement de travaux pour la régénération complète de cette terre dont l'opulence antique était proverbiale. Qu'on y pense, une augmentation de la masse des produits, quelque part que ce soit, diminue pour notre globe les éventualités de la disette, qu'il s'agisse de blé ou de coton. Telles sont les conséquences certaines de la solidarité du canal avec tous les bras et tous les barrages du fleuve.

Enfin qu'on nous pardonne un rapprochement entre les trois projets. Ce qu'il y a de négatif dans le système du tracé direct et du canal de Suez à Peluse s'accuse avec une évidence accablante, à cette heure qu'on a sous les yeux une image de tout ce qu'il y a de fécond dans l'application bien entendue du tracé indirect. Le canal de l'isthme a été convaincu de faute contre l'art même, comme aventurant le débouché à Tineh à tout prix et à tout risque ; il a été convaincu de vouloir sacrifier Alexandrie à la plus malencontreuse des fondations ; actuellement il est convaincu de s'être désintéressé de toutes les questions égyptiennes avec une indifférence incroyable, et, nous le demanderions respectueusement au pacha d'Égypte lui-même, n'est-il pas condamnable et pour le mal qu'il eût fait et pour le bien qu'il ne s'est pas soucié de faire ? Le projet du canal par le barrage a affirmé le principe du canal des deux mers, c'est son mérite éminent et singulier ; mais il a échoué dans l'application. Ce que ce projet a voulu faire de bien, c'est le projet nouveau qui le réalise, grâce à une définition plus nette du principe et à une rectification du tracé dans ce milieu que le projet antérieur avait donné et où il s'est égaré. Le nouveau canal s'établit à la base du Delta. Il laisse à l'irrigation toutes les eaux utiles et n'appauvrit point le Nil. Il s'alimente de la retenue des eaux, qui n'ont plus d'autre destination que de s'abîmer dans la mer ; par cet acte de conservation, dont tous les peuples civilisés font l'objet de plus d'un vœu et d'une étude, il ajoute au fleuve une branche qui se crée sans rien coûter aux autres et sans contrarier leurs services, une branche qui, loin d'être parasite, accroît l'abondance générale. Et en même temps qu'il empêche les eaux nourricières de se perdre dans la Méditerranée, il empêche les eaux stérilisantes de la Méditerranée de pénétrer sur le sol et de s'y établir. C'est un immense barrage qui, en se posant sur le littoral, repousse la mer dans ses limites, retient le fleuve sur la terre, assure l'irrigation complète du Delta, fait refluer l'arrosage jusque dans une région supérieure, et corrigera même l'insuffisance des crues. Il intervient comme un élément d'organisation dans la vaste machine hydraulique de l'Égypte ; le canal des deux mers détermine irrésistiblement la transformation de tout le régime du Nil.

IV. — DEVIS COMPARES.

Cette comparaison des trois projets doit être complétée par celle des trois devis. Ce n'est pas qu'il s'agisse d'introduire un motif d'option indépendant du parallèle de leurs avantages : il s'agit de montrer le rapport exact de l'offre et de la demande de chaque projet. Nous l'avons dit, la bonne affaire, c'est le bon canal, et ce sera toujours le moins cher. L'économie n'est jamais avec le projet dont les effets généraux seraient nuisibles, dont les bons résultats seraient partiels, et qui reste placé sous la menace de l'insuccès ou de l'achèvement tardif. Nous commençons par notre devis, et, selon toute justice, nous ferons supporter aux deux autres devis des rectifications conformes aux bases que nous adoptons pour le nôtre.

Le devis du projet nouveau comprend trois parties : les terrassements, les travaux d'art et les frais généraux. Le cube des terrassements a été évalué assez largement pour être plutôt au-dessus qu'au-dessous de la vérité. Quant au prix, nous comptons à 0 fr. 80 c. les terrassements à bras d'homme, et à 1 fr. tous ceux exécutés à la drague ou dans des terrains un peu difficiles ; ceux-ci nous paraissent former les deux tiers du cube total. Pour les travaux d'art, nous avons porté des sommes en bloc, mais plus élevées que celles qui seraient imputées en France à des travaux analogues. Dans les frais généraux, nous avons compté à part les dépenses de l'installation, celles des machines et engins qui sont habituellement comprises dans le chiffre même des travaux. C'est bien réellement un devis au maximum, selon les instructions que le pacha d'Égypte avait données à ses ingénieurs.

Devis du projet nouveau

	fr.	fr.
1° Terrassemens. 180,000,000 m. c. 1/3 à 0fr80	38,000,000	
Id. à 2/3 à 1 fr.	120,000,000	168,000,000
2° Travaux d'art. Travaux d'Alexandrie	5,000,000	
id. de Suez	20,000,000	
Barrages de Rosette et Damiette – Ecluse de Suez, déversoirs	20,000,àðà	

Port de Timsah	2,000,000	
Écluses des canaux d'alimentation	5,000,000	52,000,000
Total des travaux		220,000,000
3° Frais divers. Matériel, outillage, installation	16,000,000	
Études définitives, frais d'administration	10,000,000	
Intérêt des capitaux à 4 pour 100 durant l'exécution	42,000,000	
Somme à valoir	22,000,000	
Total général		310,000,000

Passons au devis du projet du canal par le barrage. Ainsi qu'il a été fait dans le devis du projet nouveau, et qu'il sera fait dans le devis du projet du canal par Peluse, on comprendra, dans un chiffre proportionnel de 41 pour 100 sur le total des travaux et sous le titre de frais divers, les frais d'administration, d'étude et d'installation, les sommes à valoir, etc. Ici et ailleurs, on appliquera les prix de 0 fr. 80 cent, au tiers des terrassements, et de 1 fr, aux deux autres tiers.

En ce qui concerne le canal, le cube des terrassements est évalué à 125 millions, comme pour le nouveau projet, et ne peut être moindre. On a porté en compte le montant de l'acquisition des machines à vapeur alimentaires, les dépenses d'établissement des passages inférieurs ou supérieurs de ce canal en dehors du niveau du pays, et celles du raccordement avec les canaux existants. Enfin, comme l'alimentation par des machines à vapeur est pour ce projet une condition nécessaire et spéciale, entièrement étrangère aux frais d'entretien communs à tous les systèmes, il est impossible de ne pas faire figurer au devis le capital représenté par la consommation, l'entretien et la réparation des machines élévatoires. Or, même en réduisant sensiblement la quantité d'eau qu'on a supposé devoir être élevée chaque jour, on ne saurait estimer la dépense relative à cet objet à moins d'un million par n ; c'est donc une somme de 20 millions à inscrire. On a dû ne rien exagérer, mais ne rien oublier.

Devis rectifié du projet du canal par le barrage

	fr.	fr.
1° Terrassements 125,000,000 1/3 à 0fr80	36,000,000	
2° Idem 2/3 à 1 fr	80,000,000	116,000,000
Travaux d'Alexandrie	5,000,000	
id. de Suez	20,000,000	
Passages inférieurs et supérieurs et raccordement avec les canaux existants	9,000,000	
Machines à vapeur et canaux d'alimentation	21,000,000	
24 écluses du grand canal	25,000,000	118,000,000
Total des travaux		234,000,000
3° Frais divers, 1° 41 pour 100 de 234,000,000	96,000,000	
2° Capital représentant les frais annuels des machines élévatoires…)	20,000,000	116,000,000
Total général		350,000,000 fr.

Nous avons annoncé comment nous modifierions le devis du canal par Peluse ; nous n'avons plus qu'à justifier l'augmentation de quelques chiffres. Pour les travaux de Peluse, au lieu de 50 millions, nous en comptons 80, en raison de la difficulté d'établissement de la digue étanche de 6,200 mètres de long et de l'écluse qu'elle comprend, de la nécessité de creuser un port d'une étendue considérable, et de tous les ouvrages accessoires indispensables au maintien de la passe. Pour les mêmes causes, à Suez, au lieu de 14 millions, nous en comptons 25. Nous avons aussi dû grossir le chiffre des écluses du canal de Timsah. En outre, dans ce devis comme dans le précédent, nous faisons figurer le capital qui représente la consommation et l'entretien des machines élévatoires propres à ce canal, soit, pour une dépense annuelle d'au moins 250,000 fr., une somme de 5 millions, à laquelle correspondent dans notre devis les frais d'augmentation de longueur donnée au canal pour reporter sa prise d'eau en amont du Caire.

Devis rectifié du projet du canal par Peluse

	fr.	fr.
1° Terrassements 87,000,000 m. c, à 1/3 à 0fr80	21,200,000	
Idem, 2/3 à 1 fr.	58,000,000	79,200,000
2° Travaux d'art. Travaux de Peluse…	80,000,000	
id. deSuez	25,000,000	
Machines à vapeur	1,200,000	
Écluses du canal de Timsah	2,600,000	
Bassin de Timsah	2,000,000	110,800,000
Total des travaux		190,000,000
3° Frais divers. 1° 41 p. 100 de 190,000,000 en chiffre rond	78,000,000	
Idem 2° Capital représentant les frais annuels des machines élévatoires…	5,000,000	83,000,000
Total général		273,000,000 fr

Enfin voici le résumé comparatif des trois devis :

	Tracé indirect	«	Tracé direct
	Projet par le barrage	Projet nouveau	Projet par Péluse
Travaux	234,000,000 fr	220,000,000	190,000,000
Frais divers	116,000,000	90,000,000	83,000,000
Totaux	350,000,000 fr	310,000,000 fr	273,000,000 fr

Le projet du canal par Peluse, quoiqu'il excède l'estimation officielle de 80 millions environ, demeure le plus économique. Le projet du canal par le barrage coûtera 77 millions en sus. Le projet nouveau ne reviendrait qu'à 37 millions de plus, et il est de 40 millions au-dessous du projet par le barrage. Quant à la durée de l'exécution, qui influe sur le prix de revient, le projet dont l'achèvement souffrirait le moins de retards est le projet nouveau ; s'il a les travaux les plus nombreux, il a les moins difficiles. Tout au contraire il y a dans les autres une accumulation de difficultés et d'ouvrages sur un point vital. Tant que le débouché à Tineh ne sera point fait, et cela peut se faire attendre douze ou quinze ans, le canal de Suez n'est qu'un cul de sac ; tant que le pont-canal ne sera pas terminé, et cela peut être long, il n'y a pas de passage d'une mer à l'autre. Les capitaux engagés ont des intérêts à servir et ne produisent rien.

Cependant le mérite du projet nouveau ne se borne pas à la certitude d'une exécution plus prompte ; il a son privilège. Qu'on se rappelle que ce projet rend à la culture 500,000 hectares de terrains qui seront dévolus à la compagnie. Or, selon MM. Linant et Mougel, qui ont l'expérience de l'Égypte, un hectare de terrain disposé pour l'arrosage vaut 750 francs, sur lesquels 500 francs sont imputables aux dispositions à prendre pour le rendre arrosable, ce qui laisse une valeur de 250 francs à l'hectare brut ; cet hectare, ainsi arrosé et cultivé, rapporte donc 250 francs par an. Si ces détails sont exacts, on peut sans exagération attribuer une valeur foncière de 250 francs par hectare aux terrains que l'exécution du projet dessèche et rend susceptibles d'être arrosés. Dès lors ces 500,000 hectares, dont la moitié au moins sera prête pour la culture deux ou trois ans après le commencement des travaux, représentent au minimum un capital de 125 millions qui sera nécessairement la base d'une spéculation à part. La compagnie jugera-t-elle à propos d'en entreprendre la mise en valeur ? en fera-t-elle cession à des sociétés agricoles ? lui plaira-t-il d'y importer des colons laborieux des îles de la Méditerranée ? préférera-t-elle s'en arranger avec le pacha, qui réunirait à son territoire cette partie précieuse du sol ? Le pacha pourrait solder la compagnie en annuités à prélever sur la part de 15 pour 100 qu'il s'est réservée dans les produits du canal ; peut-être aimerait-il mieux s'acquitter par un procédé plus immédiat. Quoi qu'il en soit de la combinaison à laquelle on s'arrête, toujours est-il que la réalisation du projet nouveau détermine la création d'un capital spécial de 125 millions qui doit s'amortir par lui-même. C'est donc pareille somme à rabattre du devis de 310 millions, qui sera ramené à 185 millions. Les actionnaires recevront, par remboursements successifs, tout ce qui dépassera ce chiffre ; néanmoins la totalité des bénéfices du canal des deux mers restera applicable à leurs actions réduites, et par la sera motivé l'abaissement graduel des tarifs du péage. À ce compte, entre les trois projets, le projet nouveau, qui ne doit la conquête de cette richesse territoriale qu'à son tracé particulier, est le plus productif, s'il n'est pas absolument le plus économique.

V. – CONCLUSION.

Notre point de départ a été, on l'a vu, la discussion du projet de canal de Suez à Peluse et du projet de canal de Suez à Alexandrie par le barrage. En vertu de la méthode que nous nous étions prescrite, c'est entre les types supérieurs de ces deux projets que le débat a été posé. L'application du programme a été faite aux deux types ; le tracé direct a été exclu, et avec lui le projet du canal de Suez à Peluse ; le tracé indirect a été reconnu pour le vrai système du canal des deux mers.

Dans ce système, l'hypothèse du canal par le centre du Delta a été éliminée, comme ne pouvant être que la contrefaçon de l'un des projets proposés. Restent en présence le projet du canal par le barrage ou par le sommet du Delta, projet connu, et le projet du canal par la base du Delta, projet nouveau, tous les deux se rapportant au même principe, chacun ayant une formule différente.

Le résultat de cette étude est d'avoir transporté entre deux propositions procédant d'un type unique le débat, d'abord placé entre deux propositions afférentes à deux systèmes opposés. Les lecteurs diront de quel côté est le tracé normal. La question du tracé a donc été amenée aussi près que possible de sa solution finale. C'est maintenant à l'opinion de se préoccuper de plus en plus d'une question dont nous aurons du moins fait ressortir toute l'importance, et nous nous tiendrions pour satisfaits de ce prix de notre travail. Puisque le canal des deux mers est inscrit sur la liste des travaux publics de l'Europe à exécuter prochainement, il faut qu'à ce sujet la lumière se fasse, et nous aimons à espérer que la commission scientifique internationale, à son retour d'Égypte, éclairera le monde par un rapport digne des hommes considérables dont elle est composée. Avertie et comme inspirée par l'aspect des lieux, elle ne peut pas ne pas élargir son mandat, traiter la question sous toutes les faces avec impartialité. C'est ainsi qu'elle répondra à l'attente des nations et des gouvernements.

Jusqu'à ce jour, les gouvernements de l'Europe se sont abstenus ou ont paru s'abstenir. Dans une question si complexe, qui touche à des intérêts divers et à des systèmes opposés de politique commerciale, ils ont laissé à l'opinion des peuples une liberté complète d'initiative, — le temps des débats contradictoires ; ils se sont ménagé à eux-mêmes le silence, qui mûrit les résolutions de l'avenir, et ils ont bien fait. Plus tard les intérêts de toutes les parties, nations européennes et nations orientales, la direction même du tracé de ce canal, seront réglés par uni acte solennel des gouvernements. C'est là ce qui fait la grandeur de l'entreprise du canal de Suez. C'est un résultat commercial immense à obtenir par le déploiement de toute la puissance de l'industrie, et rien ne se peut ici sans le concours de toutes les nations.

ISBN : 978-1724289025

www.ingramcontent.com/pod-product-compliance
Lightning Source LLC
Chambersburg PA
CBHW051336220526
45468CB00004B/1669